最大限度
发挥文具的作用

4

哇！文具真的超有趣

测量
工具

标 尺   登场
尺 子   文具

日本 WILL 儿童智育研究所 • 编著
王宇佳 • 译

浙江教育出版社 • 杭州

前言

　　本系列从大家平时在学校里经常使用的文具中挑选了 4 种，并分别对其进行了详细解说。我们希望大家可以了解如何根据自己的需求挑选文具，同时学会各种文具的正确握持方法，更灵活地使用文具。

　　在第四册《测量工具》中，我们将为大家介绍进入小学后遇到的标尺、直尺和圆规等工具。测量工具不但能测量物体的长短，帮人们画出更标准的图形，还方便我们将物体的尺寸传达给别人。比如在交换东西或买卖东西时，我们需要测量自己的物品的长度并告诉对方，以便进行正确的交易。

　　从这个角度来看，测量类工具既是规范物体尺寸的工具，也是一种与人沟通的道具。"你去年长了多高？""你的鞋码是多大？"在日常生活中我们经常像这样用长度与人沟通。

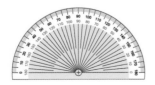

目　录

你知道吗？！
关于标尺的那些事

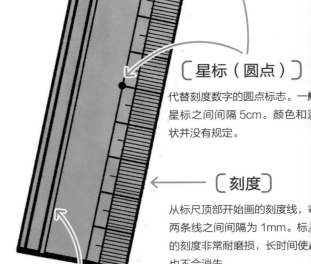

〔星标（圆点）〕

代替刻度数字的圆点标志。一般星标之间间隔5cm。颜色和形状并没有规定。

〔刻度〕

从标尺顶部开始画的刻度线，每两条线之间间隔为1mm。标尺的刻度非常耐磨损，长时间使用也不会消失。

〔凹槽〕

用蘸了墨或颜料的毛笔画直线时，可以用到这个凹槽（见P5）。有很多标尺两侧都有刻度，不带凹槽。

〔竹子〕

制作标尺的竹子需要完全干燥。因为原材料是植物，所以每根竹质标尺的颜色和纹路都不一样。

标尺是用什么制成的？

学校里的标尺一般是用竹子制成的。竹子的特点是笔直不易折断，砍下后晾干，不易膨胀或收缩。竹子既坚韧又轻便，而且制成标尺后上面的刻度不会改变，因此是制作尺子的完美材料。除了竹质标尺，也有很多用塑料做的标尺。

测量长度的
标尺
刻度从边缘开始，一般没有数字。

画直线的
尺子
刻度不是从边缘开始的，一般有数字。

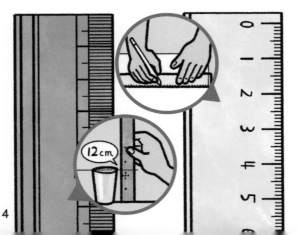

标尺和尺子有什么区别？

尺子（见p.12）和标尺很像，但人们使用它们的目的却是完全不同的。标尺是测量物体长度的工具，而尺子则是画线的工具。想分辨标尺和尺子，有个简单的办法：只要看它们的刻度起点就行了。标尺的刻度一定是从边缘开始的，这种设计是为了方便测量。比如在测量杯子高度时，可以直接把标尺拿过去比一下。而尺子的刻度不是从边缘开始的，它就不能用这种方法测量杯子。不过，现在标尺和尺子的区别变得越来越不明显。人们有时会用标尺画线，很多尺子的刻度也是从边缘开始的，人们通常以相同的方式使用两者。

为什么标尺上没有数字？

标尺是测量长度的工具，为什么刻度上没有数字呢？据说，这是因为当年刚开始制作标尺时不具备往竹子上刻数字的工艺，所以就用星标（圆点）代替了。日本的小学数学课上，老师教学生测量长度时用的并不是带刻度的尺子，而是标尺。这是为了让学生不被数字影响，学会读取刻度的方法。因为读取刻度不仅限于长度，在测量重量或温度时也会用到。

这里是5cm。

星标和刻度的样式有很多种

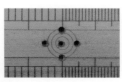
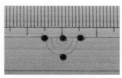
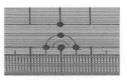

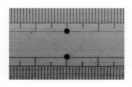

标尺有什么值得称道的地方？

标尺有各种各样的长度，比如15cm、30cm、50cm、1m等，人们可以根据测量的物品自由选择。15cm的标尺可以放进铅笔盒里，非常方便携带。1m的标尺是制衣时常用的工具，它经常用于测量长布。标尺还有一个值得称道的地方，就是它不仅可以测量箱子、杯子、花瓶外侧的尺寸，还可以测量它们内部的尺寸。这样厉害的测量功能是只有刻度从边缘开始的标尺才具备的。

23cm

你知道吗？这些·小·知识

怎样使用凹槽？

尺子上的凹槽是用来画线的，以免弄脏尺子的刻度。但是如何用凹槽来画线呢？秘诀在于细玻璃棒。像拿筷子一样用一只手同时握住圆头的玻璃棒和笔，再将笔的笔头对准纸张，玻璃棒的圆头抵在凹槽上，在凹槽上滑动玻璃棒，这样就能在远离标尺的地方画出一条直线了。

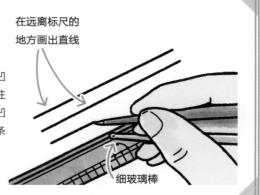

在远离标尺的地方画出直线

细玻璃棒

标尺的
秘密

▶ 约 5000 年前 古埃及

▶ 约 500~1000 年前 英国

1 肘

1 肘
（约 45cm）

指的是手肘到指尖的长度。
古埃及人在建造金字塔时，
就用到了"肘"这个长度单位。

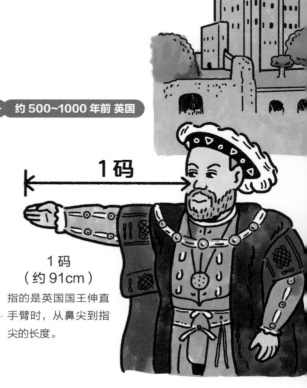

1 码

1 码
（约 91cm）

指的是英国国王伸直
手臂时，从鼻尖到指
尖的长度。

以前人们是怎样测量长度的？

远古时代的人们在建造房屋或进行物物交换时，也需要测量物品的长度与重量，也需要计数。现在我们常用的长度单位是 m 和 cm，但古代各个地方都有自己的长度单位。古人一般用手、手指、腿等身体部位测量长度，而且通常会用统治了整个国家或地区的人的身体尺度作为标准。

日本人是怎样测量长度的？

原来用两臂张开的长度（称作寻）、手握拳时的横向长度（称作束）做测量单位，后来开始用"尺"做单位了，"尺"同时成了测量工具的名称。用竹子做的尺子被称为竹尺，用铁做的尺子被称为铁尺，用鲸须做的尺子被称为鲸尺。

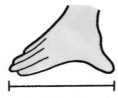

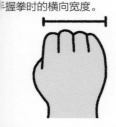

1 寻
（约 181cm）
两臂张开时从左手指
到右手指尖的长度。

1 寻

用手脚测量的单位

1 束（约 8cm）
握拳时的横向宽度。

1 拃（约 15cm）
手张开时大拇指尖到
中指尖的长度。

伏·1 指（约 2cm）
除了大拇指以外的
一根手指的宽度。

1 寸·英寸
（约 3cm）
大拇指的宽度。

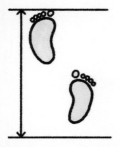

罗马步（约 148cm）
古罗马人走 2 步的长度。

1 英尺（约 30cm）
脚的长度。

古代日本使用的长度单位

1 寸	约 3.03cm
1 尺（10 寸）	约 30.3cm
1 丈（10 尺）	约 3.03m

〔 流传至今的词语 〕

一寸法师
日本民间故事的主角，
虽然身高只有 3cm，
却击退了京都的恶鬼。

一寸之前即是深渊
意思是你永远不知道
接下来或未来会发生
什么。

尺八
日本的传统乐器。长
度为 1 尺 8 寸，所以
被称为尺八。

世界上最古老的标尺是？

世界上现存的最古老的标尺是距今 3000 多年的中国殷商时代的标尺。它是用细长的动物骨头制成的，上面刻着间距略宽、整齐划一的刻度。后来中国的标尺传到日本，在距今 1300 多年的飞鸟时代和紧随其后的奈良时代的遗迹中，都发现了跟现代标尺很相似的长约 30cm 的尺子。

令人吃惊的小·知识！

竟然还有这么长的单位！

古希腊和古罗马时代有个长度单位叫斯塔迪昂（stadion），1 斯塔迪昂等于从地平线能看到太阳时开始向前走，一直走到太阳完全升到地平线上时的长度。虽然这个长度因人而异，也取决于人的步行速度，但一般认为是 180m 左右。据说，斯塔迪昂是古代奥运会短跑项目的标准长度，而且"体育场（stadium）"这个词也是由它衍生出来的。

从地平线处看到太阳了！　太阳完全升上地平线了！

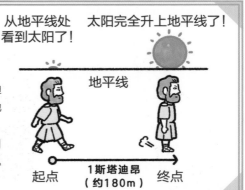

地平线

起点　　1 斯塔迪昂（约 180m）　　终点

为什么要统一单位？

如果每个国家和地区都使用自己的单位（长度或数量的标准），那么在跟其他地区的人做交易时会遇到很多不便。200多年前，跟很多国家接壤的法国同时流通着400多种单位（长度、重量等）。法国在与其他国家或地区进行贸易往来时经常碰到因长度标准不统一而引起的问题，于是决定制定一个简单易懂、谁都能使用的统一的新长度单位。

标尺的秘密

1米是怎么来的？

法国向周边国家推广的新的长度单位是"米"（m）。1米的长度是从北极到赤道距离的一千万分之一。法国还用坚硬的金属制作了表示1米长度的"米原器"，然后分发给打算使用这个单位的国家。1890年，法国将米原器送到了日本，从那以后，日本就开始用m、cm和mm等作为常用的长度单位。现在规定1米的长度是光在约三亿分之一秒内走的距离。

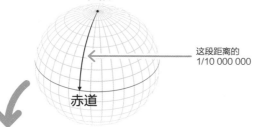

1m= 从北极到赤道
距离的 1/10 000 000

北极

这段距离的
1/10 000 000

赤道

1m= 米原器的长度

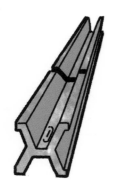

1m= 光在约三亿分之一
秒内走的距离

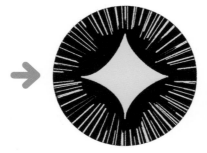

美国现在仍在使用的长度单位

1 英里	约 1.6km
1 码	约 91cm
1 英尺	约 30cm
1 英寸	约 2.5cm

美国的尺子和卷尺上有厘米和英寸两种刻度哦。

标尺图鉴

标尺的种类有很多，测量身边物品的长度自不用说，有些还可以测量高度和弯折的地方。除此之外，还有一些设计非常新奇的标尺，比如能用来学习数学或历史的标尺。

〔30cm 的标尺〕

单侧刻度款

这是学校教学中常用的标尺。它的一侧是刻度，另一侧是凹槽（见 p.5）。

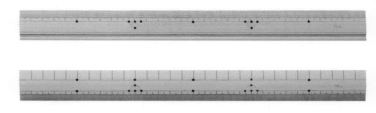

双侧刻度款

一侧的刻度精确到 1mm，另一侧的刻度精确到 1cm。两边都能测量长度。

亚克力材质

这款标尺的外形跟竹制标尺很像，但其实是亚克力材质的。它两边都能测量长度，而且带有凹槽。

〔测量各种物品的标尺〕

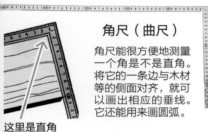

这里是直角

角尺（曲尺）

角尺能很方便地测量一个角是不是直角。将它的一条边与木材等的侧面对齐，就可以画出相应的垂线。它还能用来画圆弧。

折尺

能折叠起来的标尺。它展开时长度为 1m，折叠起来只有展开时 1/5 的长度，是一款非常便携的标尺。

游标卡尺

夹着物体测量长度的尺子。它能精确到 0.05mm。

将物体夹在这里测量长度。

卷尺

测量长件和大型物品的工具，一般用来测量家具的尺寸或房间的大小。

〔设计新奇的标尺〕

分数标尺

让数学中的"分数"变得可视化，一款专为小学生设计的标尺。

单位换算标尺

一把能让人一目了然换算不同长度和重量单位的标尺。

将"1"对准 m，就会直接显示 100cm。

历史标尺

上面标注着从弥生时代到平成为止各个时代的名称，而且长度是跟时代的长度相对应的。

标尺达人

来看看这些不可思议的图形吧

下面我们准备了一些让你怀疑自己眼睛的不可思议的图形。真的是一样长吗？真的是直线吗？当你产生这样的疑问时，就试着用标尺或直尺测量一下吧。

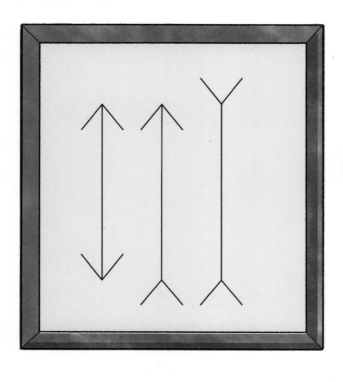

这 3 条竖线一样长吗？

这 3 条竖线的两端分别加了 ∨ 或 ∧，它们看起来一样长吗？

看起来长度不一样。那么用标尺测量一下实际长度吧。

木板上的小人一样大吗？

让 2 个相同的长方形（黄色部分）木板朝向不同的方向，上面的插图看起来一样大吗？

红色的圆一样大吗？

一个被比较大的圆围住，另一个被比较小的圆围住，它们看起来一样大吗？

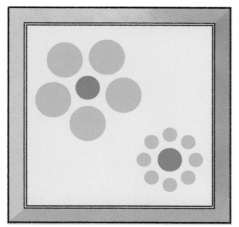

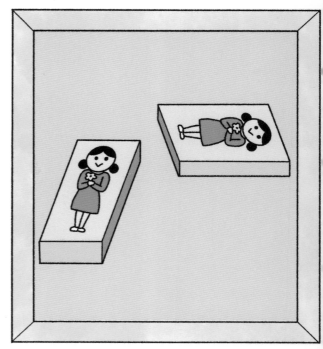

黑白绳子是螺旋形的吗?

黑白相间的绳子看起来是什么样的? 是螺旋形的吗?

用圆规测量一下吧。

这几条线是竖直的吗?

在 4 条竖线上画一些方向不同的短斜线,看起来是什么效果?

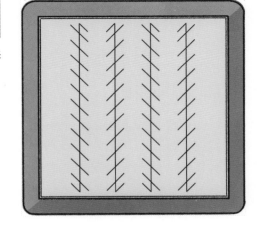

横线是直的吗?

稍微移动像格子一样排列、交错摆放的黑色和白色正方形,横线看起来是什么样的?

尺子

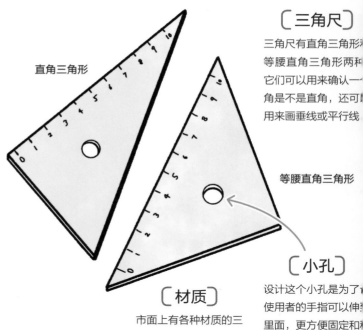

直角三角形

等腰直角三角形

（见 p.21）

〔三角尺〕

三角尺有直角三角形和
等腰直角三角形两种
它们可以用来确认一个
角是不是直角，还可以
用来画垂线或平行线

〔小孔〕

设计这个小孔是为了使
使用者的手指可以伸到
里面，更方便固定和移
动三角尺。

〔材质〕

市面上有各种材质的三
角尺，比如再生 pet、
亚克力、铝、钢和聚碳
酸酯（PC）等。

什么是尺子？

尺子是画线或测量角度的工具。尺子和标尺的区别除了刻度的设置（见 p.4）外，形状也不同。标尺一般是笔直的条形，而尺子则根据使用目的的不同有各种各样的形状。比如跟标尺形状差不多的直尺、测量角度的三角尺、画圆的圆尺和画各种曲线的云尺等（见 p.21）。

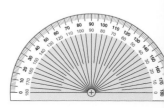

〔直尺〕

用来画直线的尺子。很多直尺的刻度不是从边缘开始的。

〔量角器〕

能测量 0 度~180 度的角。

2 点的时候分针跟时针的夹角是多少度？

量角器也是尺子？

量角器并不是画线的工具，而是测量角度用的专门工具。测量物体尺寸或制作一样东西时，不但要关注长度，还要弄清两条线之间的夹角（倾斜度），这一点非常重要。量角器的最小刻度是 1 度，它测量出的角度要比三角尺精确很多。

为什么三角尺有两种?

150 多年前，三角尺只有直角是确定的，其余的角度都各不相同。现在的三角尺除了直角部分，其余的角固定为 30 度或 45 度或 60 度。通过组合两种三角尺的角，就可以测量出 15 度角并画线。

两种三角尺的角度是固定的

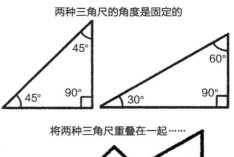

将两种三角尺重叠在一起……

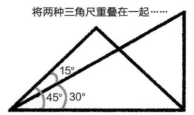

画垂线

1 一条直线，然后将一把三角尺的跟直线对齐。

▶

2 将第二把三角尺的直角边放在上面。

▶

3 从上到下画线。

画平行线

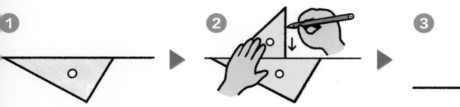

1 一条直线，然后将一把三角尺的角边与直线对齐。

▶

2 将第二把三角尺的边与另一条直角边对齐。

▶

3 固定第二把三角尺，沿着其长边向下滑第一把三角尺，然后画出一条横线。

平行线

用两把三角尺组合出的形状

试着将两把三角尺组合起来，就能看出隐藏在它们形状和各个边中的秘密。

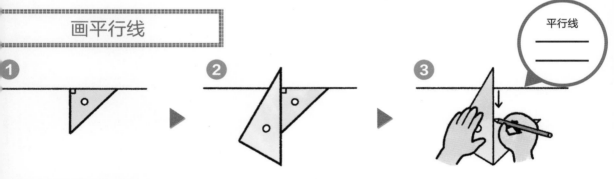

这两条边是一样长的。

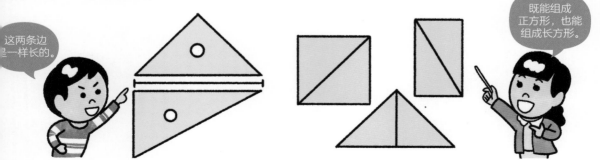

既能组成正方形，也能组成长方形。

参观尺子工厂

材料

制作亚克力尺子的材料是 180cm×90cm 的亚克力板。为了防止磨损，亚克力板两面都附有保护膜。

数学课和美术课上经常会用到的尺子，究竟是怎样制作出来的？下面就跟我们一起到生产各种文具的 TTC 公司（东京都江户川区）的工厂，去看看 30cm 直尺的制作过程吧。

铜板放在这个机器上

印着标准刻度的尺子。

这款尺子的刻度是灰色的，也有黑色和红色的哦。

尺子在这

印上刻度（热压印）

揭掉亚克力的保护膜，然后用被称为"铜板"的印章印上刻度。亚克力接触加热到 150℃ 的铜板时，刻度部分会产生些许的凹陷，将墨水倒在上面（转印）就能做出清晰的刻度了。

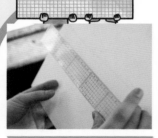

检查刻度

人工检查刻度是否符合标准，比如有没有印歪、印漏，间距是否正确等。

只需 0.9 秒就能给 1 把尺子印上刻度哦。

这部分用了镜面打磨，它会像镜子一样反射光，这样更容易看清刻度。

打磨各个面

将尺子的每个面都打磨光滑。

贴不锈钢板

在尺子的一侧贴上不锈钢板，这样用美工刀比着尺子切割时，就不会切坏尺子了。

切成大块（粗切）

分两次将大型亚克力板切开。具体做法是，将亚克力板放在一个名叫"裁板锯"的机器上，然后按照尺子长边（30cm）的尺寸进行切割。

裁板锯的圆形刀刃会一边旋转一边自上而下地移动，将整个材料切开。

据说 1 个小时能切 500 把。

切成小块（细切）

接下来会按照尺子短边的尺寸进行切割。但因为后面还有打磨等工序，所以切出来要比尺子的标准尺寸长 1.5~2mm。

形状特殊的尺子用激光加工机制作

像大型三角尺和云形尺这类形状特殊的尺子，就要用激光加工机制作。只要提前将形状数据输入电脑里，激光就能将材料切成想要的形状。

打磨切面

将粗糙的切面打磨平整。为了让切面变得更光滑，这一步需要使用 3 枚特殊的刀刃。

核对尺寸

将尺子放在每分钟旋转 2 万次的叫作木板加工机的机器上，一边按一边削，把尺子调整到符合标准的尺寸。

测量长度时用游标卡尺会更方便哦（见 p.9）。

机器打磨后，还要人工一一检查尺寸是否符合标准。

出货

检查·装袋

人工检查一遍，看看尺子有没有划痕、刻度是否清晰、不锈钢板有没有贴直等，最后装进包装袋里。

15

尺子达人

1 画出标准的直线

将尺子固定住

画不好线的最大原因就是尺子在画的过程中移动了。所以画线时一定要好好按住尺子，而且要保证铅笔不能离开尺子。另外，尺子的选择也是一个需要注意的地方。最好选质地透明、刻度清晰的尺子。为防止画线时尺子移动，推荐使用背面带防滑垫的尺子，以及打开书页时也可以使用的能弯曲的软尺等。

怎样画出标准的直线

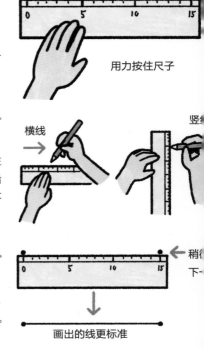

检查 01 从正上方用力按住尺子

用不拿笔那只手的食指、中指和无名指，从正上方用力按住尺子。

用力按住尺子

检查 02 铅笔不能离开尺子

按住尺子，从左往右（左手写字的人从右往左）画横线，从上往下画竖线。画的时候铅笔要紧贴尺子，而且用力要均匀，速度也不能太快。

横线

竖线

检查 03 注意尺子的摆放位置

连接两点时，不要将尺子放在点的正上方，而是要稍微偏下一点，这样画出的线更标准。

画出的线更标准

用尺子画日本的传统纹样

麻叶纹和组市松纹等是日本传统的几何纹样※。麻是一种非常强韧的植物，所以长期以来日本婴儿一出生就会穿上印有麻叶纹的和服（人生中第一次穿的和服），来祈求他们能像麻一样茁壮生长。

几何纹样：将三角形、四边形、圆形等几何图形连续排列而成的纹样。

麻叶纹

组市松纹

龟甲纹

笼目纹　　菱形纹　　
鳞纹

准备好三角尺和量角器哦。

麻叶纹的画法

1 用铅笔画出 5cm 长的横线，然后再画 5cm 长的垂直于它的竖线。

在中间 2.5cm 的位置相交。

5cm

5cm

2 在横线和竖线之间画 4 条 5cm 的斜线，保证每两条线之间的夹角都为 30°。

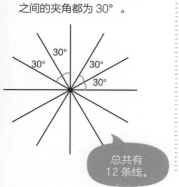

30° 30° 30° 30°

总共有 12 条线。

3 从 1 开始连接带数字的线，最后组成一个六边形。

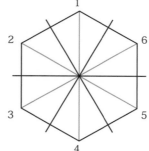

4 连接六边形的顶点 1、3 和 6、4。

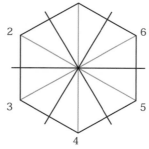

5 连接 1、5，2、4，2、6 和 3、5。

6 用笔描一遍绿色的线，擦去铅笔印，图案就完成了。

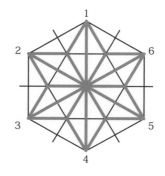

除了这种方法，还有很多种画法。

尺子达人

② 给漫画加上背景和动态线

> **用尺子来增强漫画的表现力**

漫画要用画面来表现登场人物是在何时、何地带着什么样的心情说出某句台词的。为了增强表现力，关键是要有写实的背景和小道具、各种表现动作的线和气氛词。实际画之前，大家可以先在其他纸上练习一下尺子的用法。

需要准备的东西

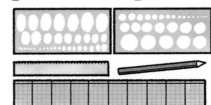

· 模板尺（椭圆）
· 模板尺（圆）
· 短直尺
· 长直尺
· 铅笔

用尺子的小技巧

① 画分镜框

分镜框线的粗细可以自由设定，但一定要统一，否则会显得很乱。还有，相邻的线一定要保证平行，竖直的线要保证垂直。

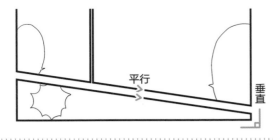

平行
垂直

② 画集中线

画集中线时，要先确定中心并做标志，然后在这个点上放一把尺子，从外侧向内侧朝着这个标志画线。注意，线条末端一定要比开始的地方细一些。

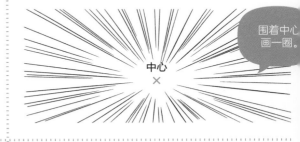

中心
×

> 围着中心画一圈。

③ 画背景和小道具

如果想绘制圆形或椭圆形，最好用模板尺（见 p.21）画，这样会显得更真实，并且不会扭曲物体的形状。模板尺上有各种尺寸的图形，大家可以根据需求选择合适的。

④ 写气氛词

在动作场面等场合，通过放大文字，会使画面变得更有力量。如果想表现声音很大，用尺子画的话，画面就会更紧凑，更能吸引眼球。

> 除了这种实心文字，还可以写中间镂空的空心文字。

分镜框（长直尺）

从这里开始 ▶

景 / 建筑物
短直尺）

小道具 /
直线部分
（短直尺）

小道具 / 餐具
模板尺·椭圆）

我吃饱了。

午休时要不要打扑克?

抱歉，我吃多了，想去运动一下……

小道具 / 足球
（模板尺·圆
或圆规）

集中线
（短直尺）

气氛词
（短直尺）

呀嘿!

好……
好厉害……

嗯……

* 编者按：本页保留的日语均为拟声词，在漫画中有特殊视觉效果，因此保留。

背景 / 窗框（短直尺）

尺子图鉴

上学时用到的直尺和三角尺根据使用目的的不同有不同的颜色和尺寸可以选择。除此之外，市面上还有各式各样的进阶版尺子，比如跟标尺一样刻度从边缘开始的尺子、能画出很多图形的模板尺等。

各种各样的直尺

〔方便读数〕

这款尺子很方便读数。它的刻度有 2 种颜色，每隔 1cm 变换一次，而且 5cm 的倍数都设成比较大的彩色数字。

〔方便画垂线和平行线〕

这是一款带有方格的直尺。我们可以用这些格画垂线和平行线。

这里贴着
不锈钢条

〔可以配合美工刀使用〕

这款尺子的一侧贴着不锈钢条，所以用美工刀切纸的时候也不会损坏尺子。

〔结实耐用的不锈钢尺〕

这款直尺是用不锈钢制成的，因此无须担心会被损坏。它同样也经常被用来切割物品。

〔深色底上也能看清刻度〕

这款直尺的刻度是红色的，而且带有方格，深色底上也能把刻度看得很清楚。

〔从左右都能读取刻度〕

这是一款从左右都能读取刻度的直尺。它的材质较软，画图时很容易固定，可以跟学校的尺子配套使用。

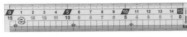

〔彩色直尺〕

这款直尺的尺寸比较小（15~17cm），可以直接装进铅笔盒里。直尺和上面的刻度有多种配色可供选择。

17cm

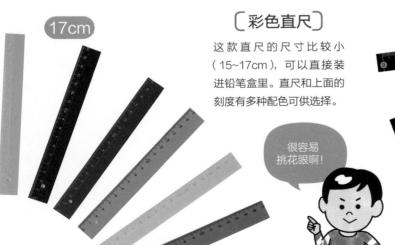

很容易挑花眼啊！

15cm

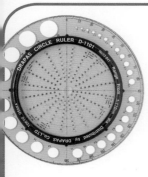

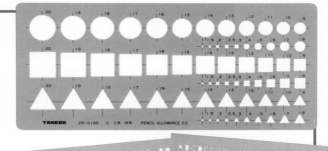

圆尺

无须使用圆规就能轻松画出直径1~110mm的圆。

模板尺

模板尺上有各种尺寸的图形，比如圆形、三角形、四边形、星星等，甚至还有数字和英文字母的图形。

云形尺

专门用来画曲线的尺子。使用内侧和外侧的边缘，可以画出各种各样的曲线。

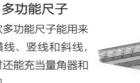

各种形状的尺子

黑白三角尺

黑、白两色对比非常强烈，很容易看清上面的刻度和数字。

多功能尺子

这款多功能尺子能用来画横线、竖线和斜线，同时还能充当量角器和圆规。
除了画直线和波浪线，这款多功能尺子还能充当放大镜、量角器、圆规。它的一侧有个半圆形小口，夹纸的时候也很方便。

曲尺

可以自由弯曲的尺子，用它能随意画出自己想要的曲线。其中一侧是有刻度的。

你知道吗？ 这些小·知识

能显示新干线运行时间的尺子？！

这是一款以新干线 N700 系（希望号）、E6 系（小町号）、E5 系（隼鹰号）和 W7 系（光辉号）列车为原型的尺子。它的刻度不但能测量长度，还能显示新干线停靠的各个车站和到达那里所需的时间，是一种有趣的设计。

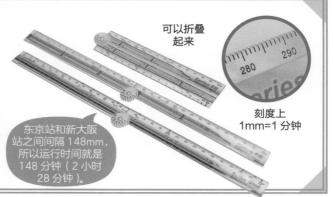

可以折叠起来

刻度上1mm=1分钟

东京站和新大阪站之间间隔 148mm，所以运行时间就是148 分钟（2 小时28 分钟）。

学校里的
测量工具

学校里有很多测量工具。不同学科和活动中会用到不同的工具。下面就来看看学校里的测量工具吧。

"测量"有几层含义?

测量有"丈量""计量""量取"等几层意思,它们可以分别搭配不同的测量对象。"丈量"一般搭配长度或深度,比如物品的长度、距离和身高等。"计量"一般搭配时间,比如计量游泳的时间。"量取"一般搭配重量,比如量取体重。

译者注:此处原本是说"测量"在日文中的几种汉字表达形式,这里意译成测量的几层含义,但整体意思是差不多的,都是在说汉字的搭配。

丈量　搭配长度

计量　搭配时间

量取　搭配重量

【教室】

教学用尺
(测量长度或角度/画线)

教学用量角器
(测量角度)

温度湿度计
(测量教室的温度和湿度)

教学用圆规
(测量长度/画圆)

【音乐教室】

节拍器
(测量歌曲的速度)

身高测量仪
(测量身高)

视力检测
(检测视力)

体温计
(测量体温)

体重计
(测量体重)

【保健室】

[操场]

圆规只是画圆的工具吗?

圆规是画圆的工具。根据要绘制的圆的大小打开圆规的腿并将其转一圈,就可以轻松地绘制出一个圆形或任意数量的相同大小的圆形。不过,圆规可不只是画圆的工具,圆规的英文"compass"来源于葡萄牙语,它原本是"用步幅测量"的意思。也就是说,圆规还有测量长度的功能。

用步幅测量 = 圆规
(compass)

〔转轴(把手)〕
用大拇指和食指捏住旋转的部分。

〔自动中心器〕
为了配合圆规腿的打开,保证转轴一直在中心旋转的零件。这个零件从外部是看不见的。

〔螺母〕
圆规腿张开或闭合时调节松紧的螺母。

〔调节螺母〕→
调节笔架松紧的螺母,可以用来更换或固定各种笔。

〔笔架〕
放各种笔的地方,也被称为铅笔笔架。

〔圆规腿〕
能张开到任意角度。其中一边是针尖,另一边是铅笔等书写工具。

〔针尖〕
画圆时插到纸上,并以此为中心旋转圆规。

圆规

怎样用圆规测量长度?

直线可以直接用标尺测量长度,但锯齿状的折线更适合用圆规测量。具体做法是,用圆规比着每条笔直部分的线段,按顺序画在纸上,将它们转换成一条直线,最后用标尺测量直线的长度。圆规还能用来作图,想画同样长度的线或相同图形时,只要用圆规比一下就行了,不必用几厘米或几毫米的尺子来测量。

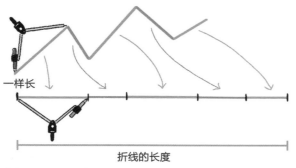

一样长

折线的长度

这样使用

用大拇指和食指捏住转轴，然后以针尖为中心旋转铅笔。

圆规是新兴的文具，还是古老的文具？

圆规比铅笔、标尺看起来更有机械感，看起来像是新兴的文具。但在距今 2800 多年前的古希腊和古罗马时代就已经有圆规了，当时人们主要用它来测量长度或绘制几何图形。而且，有一道让数学家们困扰了 2000 多年的难度很高的图形题，也是用圆规做出来的。

用尺子和圆规作答。

什么是转板？

在距今 300 多年前的日本江户时代，人们是用一种名叫"转板"的工具画圆的。转板日文名的原意是"使劲转动"。当时绘制代表日本家族的"纹"（见第二册 p.16）的纸样时，就用到了转板。

❶ 将毛笔或铅笔插到小孔里

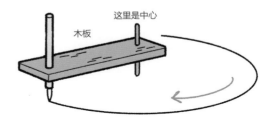

这里是中心

木板

❷ 旋转一周

令人吃惊的·小·知识！

操作简便的新型圆规！

虽然现在的圆规已经很方便很好用了，但还是需要同时做几个动作：①用手指捏住转轴；②向铅笔前进的方向倾斜；③像画圆一样，手腕也要大幅地转动一周。因为必须同时进行各种动作，所以要想很好地使用圆规需要花费一些时间。但是，如果在转轴上加一个类似笔帽的东西，并握住整个笔帽，那么只需进行第③步操作（手腕大幅地转动一周）就可以了。因为取下转轴上的笔帽，它就会变成一个普通的圆规，所以一开始也可以用这个来练习。

戴上笔帽

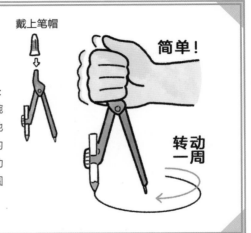

简单！

转动一周

适合初学者使用

只要捏住笔帽转一周就能轻松地画出一个圆。

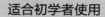

适合小学生使用

为了让小学生用起来更容易，在转轴上特别设计了防滑的凹槽，针尖也比较短，还有牢牢固定的圆规腿。

圆规图鉴

重视安全性

针尖是按压型的，不用时可以收回去。这样就不会扎到手了，很安全。

彩色数学圆规

针尖带盖子的数学圆规。它能画很大的圆，也能画很小的圆。

使用它的诀窍是：首先不要直接在纸上画圆，可以先捏着转轴练习旋转的动作。

自动铅笔型

带笔帽的自动铅笔型圆规，能画出线条很细的圆。

练习使用圆规

1. 确认中心的螺母有没有松动。如果松动了，让大人帮忙拧紧。

2. 调整笔架，让铅笔笔头和针尖对齐。

3. 将圆规腿打开到 5cm 左右（刚开始不要画太大的圆或太小的圆）。

4. 用一只手轻轻拿起圆规，然后将针尖竖直插到纸上。这时不要用垫板。注意不要用双手拿圆规，也不要拿圆规腿。

5. 将圆规向铅笔前进的方向倾斜，同时转动转轴。

6. 手腕旋转一周画一个圆。

结实耐用型

做工非常扎实的圆规，适合学生使用。针尖不是很锋利，具备一定的安全性。

除了将铅笔放入笔架的普通圆规外，市面上还有很多特别的圆规。比如笔架只夹着一根粗笔芯的圆规，能放短款自动铅笔的圆规，还有一些圆规能放彩笔等自己喜欢的笔。

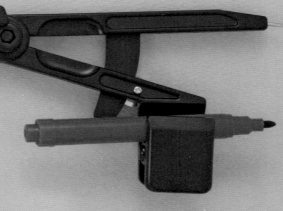

能放各种笔的圆规

这款圆规的笔架是一个夹子，不仅可以用来夹铅笔，还可以夹喜欢的彩笔。我们可以用它夹上彩笔画出彩色的圆。

合上

轻巧的笔型圆规

这款圆规合上腿、盖上笔帽，看起来就像普通的笔一样。甚至可以直接收进铅笔盒里。

怎样选择适合自己的圆规？

小学生适合使用夹铅笔的圆规。购买时要选择做工扎实、圆规腿和铅笔架比较稳定的圆规。推荐大家购买转轴带凹槽的圆规，因为这种圆规有防滑功能。

圆规达人

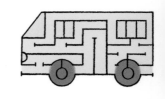

画一个迷宫吧

用双层线做道路

迷宫里面有很多条道路可以走，玩家可以在思考如何达成目标的同时享受这个游戏的乐趣。下面我们就用尺子和圆规来做一个迷宫吧。先用双层线画出道路，然后将它们分成通路和死胡同，重复以上的步骤，就这样慢慢地画到终点。

画迷宫的基本方法

① 用尺子和圆规画一辆公交车。

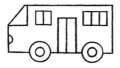

② 在公交车里画横线和竖线，用作基本的道路。决定起点和终点的位置。

③ 用橡皮擦去一部分线，做出岔路。

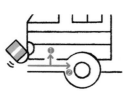

2 是正确的道路

④ 如果有一条路可以从任何一边走，就在其中一条上画拦截线，把它做成死胡同。

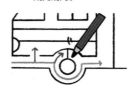

要点
不能有可以从任何一边走的道路。

⑤ 重复③和④，将道路分成通路和死胡同，就这样慢慢地画到终点。

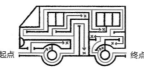

用圆规画摩天轮

① 以下图中的 1 为圆心画半径为 7cm 的圆，然后画出过圆心的垂线，在与垂线成 45 度的位置画一条线。

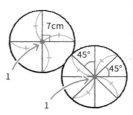

② 以每条线的端点为圆心，画 8 个半径为 2cm 的圆。

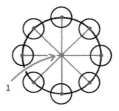

③ 以下图中的 1 为圆心，分别画出半径为 4cm、2.5cm、1.5cm 的圆。

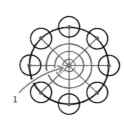

④ 在每个圆里画一个比它半径小 5mm 的同心圆，绘制出连接线。

半径小 5mm 的同心圆

要点
在直线左右 2.5mm 处分别画两条平行线。

⑤ 将没用的线擦去。最后画上摩天轮的轴和窗户，就完成了。

起点

终点

答案在最后一页。

如果没有测量工具的话

有时想测量某件物品的长度，但手边却没有尺子，这时该怎么办呢?

用身边常见的东西测量

用明信片测量桌子的长度

明信片长约 15cm，宽约 10cm。假设你想测量桌子的尺寸，可以看看从一端到另一端能放几张明信片，就可以用乘法计算出大致的长度。

宽 10cm

长 15cm

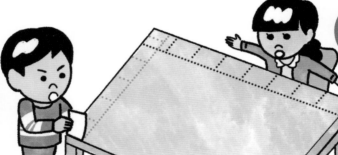

我这边能放 8 张，应该是 120cm 左右。

能放 5 张多一点，应该是 80cm 左右。

我的手帕跟一张 1000 日元纸币和 3 枚 1 日元硬币的长度差不多，应该是 21cm 左右。

我的网球拍跟 2 盒半纸巾的长度差不多，应该是 60cm 左右呢!

这些东西也能用来测量

1 日元硬币、1000 日元纸币、塑料瓶等都可以用来测量物品的大致尺寸。将长的东西跟短的东西组合起来，测量出的数值会更精确。比如，1 张 1000 日元纸币（15cm）和 2 枚 1 日元硬币（2cm）加起来大约是 19cm。

1 日元硬币
●Ｉ 2cm

1000 日元纸币

15cm

500ml 塑料瓶

约 20cm

纸巾盒

22~25cm

测量更长的距离

知道自己脚的尺码，就能用它测量房间的尺寸。比如，从客厅一侧脚后跟贴着脚尖走到另一侧，然后根据脚的尺码和走的步数，就可以计算出总距离大约多长。

> 我的脚长 23cm，走了 12 步……差不多是 276cm！

画线

〔 画直线 〕

我们可以使用具有坚硬且笔直部分的东西（例如笔记本或铅笔）来绘制直线。如果画线的纸张不怕留下折痕，可以先将要绘制的部分折叠起来，然后沿着折痕绘制一条漂亮的线条。

将纸折叠一下

沿着折痕画线

〔 画曲线 〕

沿着圆形物品边缘画线

沿着杯子、盘子等圆形物品的边缘画线，就能轻松地画出圆或曲线。

→沿着画

用牙签和线做圆规

将纸放在软木板上，然后将牙签放在要画的圆圈的中心。用线的一头拴牙签另一头拴铅笔，按住牙签并转动铅笔，就能画出一个圆了。

铅笔　牙签　线　软木板

转动纸张

只用铅笔也能画出自然的曲线。具体做法是，拿铅笔的手放在纸上，手腕固定在纸上不动，另一只手旋转着向外拉动纸张，这样就能画出一条柔和的曲线。

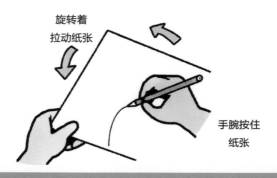

旋转着拉动纸张

手腕按住纸张

装帧　chocolate.（鸟住美和子）
插图　hankiti maeda
漫画　池泽理美 (p.18 ～ 19)
迷宫　山冈由佳 (p.28 ～ 29)
摄影　chocolate. 向村春树（p.14 ～ 15)
编辑　WILL（秋田叶子）、桥本明美、若山利惠子、minami seki

采访协助
Raymay Fujii Corporation.
TAKEDA Co., Ltd. (p.14 ～ 15)
SONIC COORPORATION(p.24 ～ 27)

画像和资料提供
Artec Co., Ltd.
Kasetsusya Co., Ltd.
KUTSUWA CO., LTD.
Shinwa Rules Co., Ltd.
STAEDTLER NIPPON K.K.
DRAPAS Company Limited
Nippon Bunkyo Center co., ltd
PRESIDENT Inc.
Heso Production Co., Ltd.
MAC Co., Ltd.

起点　终点

BUNBOGU WO TSUKAIKONASU <4> HAKARU · HIKU DOGU
Edited By: Froebel-kan
Copyright © Froebel-kan 2019
First Published in Japan in 2019 by Froebel-kan Co., Ltd
Simplified Chinese language rights arranged with
Froebel-kan Co.,Ltd., Tokyo, through Bardon-Chinese
Media Agency
Simplified Chinese Translation © 2022 United Sky (Beijing) New Media
Co., Ltd.

未小读
UnRead Kids
和世界一起长大

未读CLUB
会员服务平台